NOTICE HISTORIQUE

SUR LA DÉCOUVERTE

DE LA HOUILLE

A RIVE-DE-GIER,

SUR SON EXTRACTION

AU TERRITOIRE

DE GRAVENAND ET DU MOUILLON,

Et sur son Exportation primitive.

CETTE NOTICE SE VEND AU PROFIT DE L'HOSPICE
DE RIVE-DE-GIER.

SAINT-ETIENNE,
TYPOGRAPHIE DE F. GONIN, 4, RUE DU MARCHÉ.
1839.

NOTICE HISTORIQUE

SUR LA DÉCOUVERTE

DE LA HOUILLE

A RIVE-DE-GIER,

SUR SON EXTRACTION

AU TERRITOIRE

DE GRAVENAND ET DU MOUILLON;

Et sur son Exportation primitive;

Par M. Laurent,

SYNDIC DE LA COMPAGNIE DE L'UNION DES MINES DE RIVE-DE-GIER.

SAINT-ETIENNE,

TYPOGRAPHIE DE F. GONIN, 4, RUE DU MARCHÉ.

1835.

NOTICE HISTORIQUE

SUR

LA DÉCOUVERTE DE LA HOUILLE

A RIVE-DE-GIER.

céda la faculté, à Pierre Chambéyron et à Jean Chambéyron son fils, de faire, pendant 29 ans, l'extraction du charbon de pierre qui se trouverait sous la superficie de plusieurs fonds de son domaine de Gravenand.

Les père et fils Chambéyron firent creuser plusieurs puits et donnèrent une certaine extension à leurs travaux; à l'envi de ceux-ci, d'autres propriétaires, au territoire de Gravenand, se mirent à extraire le charbon qui existait sous leurs propriétés. Il y eut dès-lors une certaine production qu'on peut évaluer à environ 1,200 hectolitres par jour ; aussi on voit la population et le nombre des muletiers augmenter à Rive-de-Gier, pour opérer le transport de la houille au port de Givors, sur le Rhône, à trois lieues de distance.

Ce commencement d'exploitation fut le signal d'un certain développement dans les travaux d'extraction de la houille, vers le milieu du 18e siècle. Mais les indices de gisement de houille ne parurent pas suffisans à tous les extracteurs pour la recherche des mines ; quelques-uns crurent qu'il était plus certain de faire précéder leurs travaux par la promenade, sur le terrain, d'un individu à figure mystérieuse, muni d'une baguette qui avait, entre ses mains, le don d'indiquer l'existence de la houille et même l'épaisseur de la couche par pieds, pouces et lignes !

On cite encore que, dans une circonstance fâcheuse pour des extracteurs, une sorcière célèbre avait été appelée sur les lieux, consultée et......, Mais passons le détail de ces superstitions, et persuadons les superstitieux, s'il en existe encore, qu'une machine à vapeur est plus efficace que les procédés d'une sorcière, pour l'assèchement d'une mine.

, Dans cette partie du Lyonnais, les propriétés étaient déjà très-divisées, et chaque propriétaire était libre d'extraire le charbon que renfermait son champ, Cela lui était d'autant plus facile, qu'avec peu de moyens il pouvait faire creuser un puits au territoire de Gravenand et du Mouillon, où, dans certaines parties, la première mine de 2 à 3 mètres d'épaisseur ne gît qu'à 20 mètres de profondeur.

Aussi, les champs furent bientôt criblés de puits, et la production augmenta à un point que le nombre des mulets employés à porter les charbons à Givors, s'éleva à six ou sept cents.

Pierre et Jean Chambeyron n'étaient pas restés en arrière de produire; leurs extractions de Gravenand s'élevaient à des quantités considérables : on le voit dans les mémoires d'un procès entre eux et la dame de Chatelus, veuve du Colombier, au sujet du quart du produit desdites mines réservé au propriétaire de la surface, pour redevances ou droits de tréfonds, en exécution du traité de 1735.

Les sommes demandées ou offertes pour le paie-

NOTICE HISTORIQUE

SUR LA DÉCOUVERTE DE LA HOUILLE A RIVE-DE-GIER,

SUR SON EXTRACTION AU TERRITOIRE

De GRAVENAND et du MOUILLON,

ET SUR SON EXPORTATION PRIMITIVE.

Le territoire de Gravenand est situé à demi-lieue à l'ouest de la ville de Rive-de-Gier.

Il fait partie de cette commune et de celle de Saint-Genis-Terre-Noire, et dépendait, dans l'ancien régime, de la juridiction du seigneur de Sénévas.

Des affleuremens de mines de houille existent à la partie nord-ouest de ce territoire. Ces indices, que l'on a sans doute aperçus jadis en labourant les terres, ont donné lieu à la recherche de ce précieux combustible. L'époque de sa découverte ne peut être précisée, faute d'archives dans la paroisse de Rive-de-Gier et du silence de celles de Sénévas et du Sardon ; mais on trouve des traités entre particuliers annonçant qu'on s'occupait de l'extraction de la houille dans le quinzième siècle. Leur texte fait supposer que la découverte n'était pas récente, ce qui porte à croire à la tradition orale, que la découverte de la houille a été faite au territoire de Gravenand, dans le quatorzième siècle.

L'extraction primitive était restreinte à la consommation locale, c'est-à-dire, pour l'usage des for-
gerons et le chauffage d'une population d'environ
douze cents ames, à Rive-de-Gier, et à peu près autant dans les villages voisins.

Le rôle des taillables de la paroisse de Rive-de-
Gier prouve qu'il n'y avait pas exportation de
houille à cette époque, puisque, parmi les redeva-
bles, on ne voit figurer que quelques muletiers, et
que les bêtes de somme étaient le seul moyen de
transport dans ce temps-là.

Alléon-Dulac dit que dans l'inventaire qui fut
fait, en 1640, des mesures en usage à Lyon, il n'est
point fait mention de mesure pour la houille, ce
qui paraît prouver que l'on n'y faisait point encore usage de ce combustible à cette époque.

Il est certain que la première exportation a eu
lieu à dos de mulet, sur Condrieu et Givors, dans
le 17e siècle.

En 1721, des *paches* ¹ furent faites par messire
Châtain, prêtre sociétaire de la paroisse de Rive-de-
Gier, à *honnête* Pierre Chambeyron, pour l'extraction d'une carrière de charbon à la Bâtie, territoire
du Mouillon.

Le 16 décembre 1735, par acte reçu de Mᵉ Gaul-
tier, notaire-royal, sieur Giles Bochu du Colombier, propriétaire du domaine de Gravenand, con-

¹ Traités.

par conséquent propriétaire du domaine de Grave nand; à ce titre, il obtint la faculté d'extraire ses mines moyennant une rétribution au profit des concessionnaires.

M. Bonnand, autre propriétaire, obtint la même faculté; l'un et l'autre firent extraire la houille au territoire de Gravenand, ensuite ils en amodièrent des parties.

De leur côté, les concessionnaires multiplièrent leurs travaux d'extraction, principalement au territoire du Mouillon, où la qualité de la houille était meilleure et la couche plus riche.

En premier lieu, ils eurent pour maître-mineur-directeur, le sieur Bajard, ensuite le sieur Journoud, l'un et l'autre de Rive-de-Gier.

Au moyen de la galerie de l'écoulement des eaux, l'extraction fut très-facile et moins dispendieuse; elle s'accrut à un point que, de l'année 1765 à 1784, il fallut l'emploi de 16 à 1,700 mulets pour porter à Givors et à Condrieu la houille qui n'était pas consommée sur les lieux. C'est vers cette époque que la ville de Lyon commença à faire usage de la houille. En 1785, on évaluait sa consommation à 60,000 bennes de Pérat [1]; le menu était fort peu recherché, il restait en grande partie dans les magasins. M. Jars, industriel distingué, qui avait visité les mines de Rive-de-Gier, engageait les extrac-

[1] Alléon-Dulac estimait le poids de la benne à 200 marcs 7 onces.

teurs à convertir le menu en cock, et à en former, avec de l'argile, des mottes, comme dans le Hainaut et le pays de Liège; ainsi préparé, il servirait dans le chauffage presque aussi bien que le pérat.

Dans la période que nous venons de parcourir, l'extraction du charbon provenant des mines de Gravenand, peut être évaluée à trois millions d'hectolitres.

Les principales mines extraites en même temps, étaient celles du Mouillon, de la Catonnière, Grand-Feloin et du Reclus. Comme au Mouillon, il existait à la Catonnière et au Reclus des galeries d'écoulement d'une partie des eaux.

La galerie de la Catonnière débouchait dans le ruisseau de ce nom. Celle du Reclus débouchait dans le ruisseau de la Combe. On en voit encore des vestiges.

Une ère nouvelle pour Rive-de-Gier commença avec la navigation du canal; tout prit un essor vers l'industrie et les améliorations. Quelques bateaux remplacèrent les 1,700 mulets. L'économie des transports fit accroître la consommation de la houille au dehors. Des verreries et des fours-à-chaux furent établis à Rive-de-Gier. Tous les besoins furent satisfaits par les concessionnaires et les autres extracteurs; il leur était si facile, les puits étaient si vite creusés sur les couches qu'on exploitait alors!

ment de ces redevances, font présumer que, dans une période de 20 ans, les Chambeyron ont dû extraire douze cent mille hectolitres de houille dans les fonds du domaine de Gravenand.

Pareille quantité a dû être extraite par tous les autres extracteurs, tant ci-devant que durant la période des Chambeyron.

Malgré le peu de disposition des esprits pour l'industrie, cette époque est remarquable par les projets qu'elle fit naître : les eaux étaient devenues abondantes dans les puits et leur assèchement onéreux, alors que les machines à vapeur étaient inconnues dans le pays. Les sieurs Bertholet, Dupuis, Chambeyron et Lacombe, formèrent une société pour obtenir du gouvernement la concession des mines du Mouillon, et demi-lieue à la ronde, à la charge par eux de pratiquer une galerie d'écoulement des eaux des mines du Mouillon et de Gravenand, qui, par ce moyen, couleront naturellement dans la rivière de Gier. Leur demande est prise en considération, et un arrêt du conseil-d'état du roi, en date du 10 avril 1759, leur accorde ladite concession pour un laps de 30 années.

La compagnie concessionnaire fait exécuter le percement de cette galerie, d'une longueur d'environ 1,500 mètres, sous la direction de M. Koënig, ingénieur des mines; les eaux s'écoulent, et les mines ne sont plus menacées d'inondation.

Cette compagnie emploie les connaissances et les moyens qu'elle possède à faire coordonner l'ensemble des travaux d'extraction, que les trop nombreux propriétaires avaient pratiqués isolément sans aucune précaution ni prévision d'avenir; en sorte que cette époque fut pour ainsi dire le commencement de l'application de l'art à l'extraction de la houille.

En même temps que ces améliorations avaient lieu à Rive-de-Gier, un horloger, le sieur Zacharie de Lyon, frappé sans doute du pénible et dispendieux transport de la houille, par 700 mulets, faisant chaque jour le voyage de Rive-de-Gier au Rhône, conçut le projet du canal de Givors. Des lettres-patentes de 1762 lui accordent la concession; mais les difficultés des choses et des personnes sont la cause que son canal n'est navigable d'une manière permanente, qu'en l'année 1784[1].

Cependant la prise de possession par les concessionnaires du Mouillon ne fut pas facile : il y eut, de la part des propriétaires de puits et du sol, de violentes oppositions; le gouvernement fut obligé d'envoyer des arquebusiers de la ville de Lyon qui campèrent sur les lieux. Mais les difficultés ne furent applanies que par une transaction avec les principaux propriétaires.

L'un d'eux avait épousé Mlle de Chatelus; il était

[1] M. J.-B. Richard, aujourd'hui rentier à Lyon, est le premier navigateur sur le canal de Givors.

extraite à Gravenand, depuis la navigation du canal jusqu'à cette époque, peut être évaluée à quatre millions d'hectolitres.

Toutefois, les principaux propriétaires de ces territoires n'abandonnèrent pas leurs droits, ils s'unirent même pour les faire valoir auprès du gouvernement, après la promulgation de la loi sur les mines, du 21 avril 1810. Enfin, par ordonnances royales du 17 août 1825, ces territoires furent divisés en trois concessions, dites de Gravenand, du Mouillon et de Crozagague.

Les concessionnaires de Gravenand ont fait approfondir deux des anciens puits jusqu'au rocher primitif, sans rencontrer la troisième couche de houille, dite *bourrue*, qui a été trouvée à environ 30 mètres au dessous de la seconde, dans la plupart des autres concessions du bassin de Rive-de-Gier; cependant il ne s'ensuit pas de là que la bourrue n'existe pas à Gravenand : les deux puits approfondis peuvent être placés sur des crins ou failles, et la mine à côté; il y a encore des dépenses à faire et des chances à courir. L'un des puits fouillés est trop proche des affleuremens, l'autre en est trop éloigné et doit se trouver sur l'abaissement ou descente de la couche, vers le territoire du Gourdemarin.

Il y aurait plus d'espoir à chercher la 3me couche dans la partie voisine de la concession du Mouillon.

C'est à peine s'il a été extrait deux cent mille hectolitres de houille à Gravenand depuis l'obtention de la concession; sur cette quantité, plus de la moitié a été extraite par des ouvriers-entrepreneurs, remuant et fouillant les anciens travaux pour trouver quelques piliers, quelques morceaux de toît échappés à leurs prédécesseurs. Le plus souvent ces malheureux ont été déçus dans leur espoir de trouver des piliers que leur crédulité avait acceptée d'une tradition erronée.

Le fait est que s'il reste quelque chose à extraire dans la 1re et la 2e couches, ce ne peut être que sous une partie du jardin de maître à Gravenand, et dans les fonds Richard-Viton, qui joignent la concession du Mouillon. En évaluant la quantité que renferment ces parties à cinq ou six cent mille hectolitres, c'est exprimer l'opinion générale des anciens exploitans et maîtres-mineurs du canton.

Reste la 3me couche dont l'existence n'est pas certaine. Les recherches qui auraient le plus de chance pour la trouver devraient être faites dans le cœur du terrain houiller, vers les limites des concessions de Gravenand et du Mouillon; mais avant tout il faut que les titulaires de ces concessions s'entendent pour assécher les eaux qui empêcheraient ces recherches.

FIN.

La révolution de 1789 vint ralentir et presque suspendre l'activité des extractions ; la loi de 1791 sur les mines y apporta de notables changemens ; les concessionnaires du Mouillon disparurent à tout jamais de la localité.

Après la tourmente, revint le calme ; les anciens propriétaires reprirent pleine possession de leur chose, et il n'y eut pas besoin d'arquebusiers pour faire exécuter la loi de 1791. Dès-lors, tout marche à Rive-de-Gier de progrès en progrès. La seconde couche de houille dite *bâtarde*, est découverte à une profondeur d'environ 25 mètres au dessous de la première. Une pompe à vapeur (que le vulgaire nomme pompe à feu) est établie au puits Donzel, le plus profond du Mouillon, pour en assécher les eaux qui ne trouvent pas leur écoulement par la galerie. Cette pompe avait été confectionnée dans les ateliers de MM. Périer frères à Chaillot.

En 1797, le sieur Despuech traite avec les cohéritiers Donzel pour l'extraction de leurs mines, qui étaient les plus riches du Mouillon. Sous la direction du sieur Jean Véléat, maître-mineur, il donne pendant six ans la plus grande activité connue jusqu'alors à l'extraction de la houille.

Il se forma en même temps plusieurs associations pour l'exploitation de Gravenand : on en était alors à la seconde couche, la première étant épuisée, sauf quelques piliers restés de distances en distances.

C'était pour la 3ᵉ ou la 4ᵉ fois qu'on rouvrait d'anciens travaux, notamment par les puits Michon, la Marmote, le Noyer, les Quatre-Dames, les Sources, Murier, de l'Eau, Bonnand, Chataignier, Chaise, du Coup, des Ronces et autres ; mais cette période s'arrêta à la découverte des riches et puissantes mines des Verchères, par la compagnie Fleurdelix, en l'année 1801. Cette découverte fut le motif d'une suspension nouvelle à Gravenand, d'abord à cause de l'épuisement des couches et par suite du prix de revient trop élevé, ensuite à cause de l'infériorité de la qualité de la houille, comparée à celle des Verchères et à quelques autres exploitations de mines neuves.

Ici nous placerons une observation qu'on a sans doute déjà remarquée : l'écoulement naturel des eaux par la galerie et le peu de profondeur des puits à Gravenand, ont singulièrement facilité la reprise des extractions ; aussi, chaque fois que le combustible devenait rare sur le marché, vite on reprenait l'extraction des puits en chômage à Gravenand, ce qui eût lieu d'une manière assez fructueuse à l'époque d'un incendie des mines des Verchères, au mois de mars 1805, qui fut la cause d'une suspension pendant deux ans de l'extraction de ces mines.

Quelques années après tout rentra dans l'inaction à Gravenand et au Mouillon ; la quantité de houille

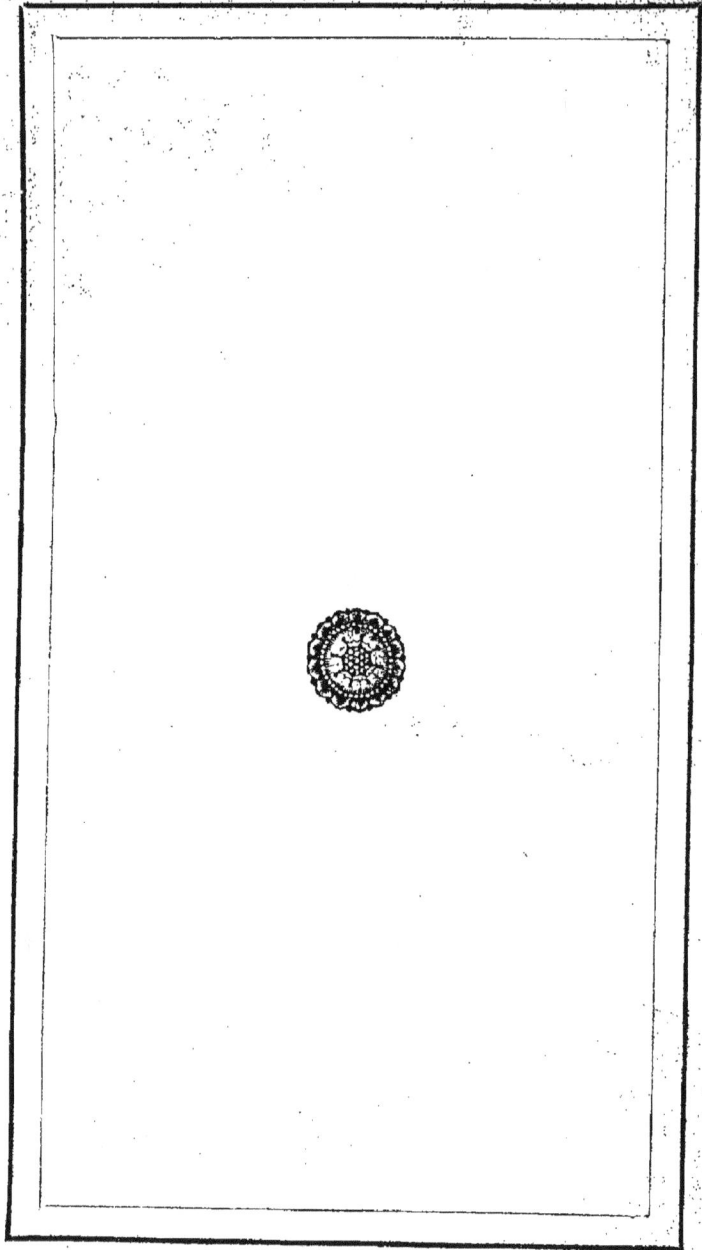

www.ingramcontent.com/pod-product-compliance
Lightning Source LLC
Chambersburg PA
CBHW050454210326
41520CB00019B/6209